Tout est chimie !

Petit-fils et fils de chimiste, **Christophe Joussot-Dubien** est tombé dans la chimie depuis tout petit. Il est aujourd'hui responsable d'un laboratoire de chimie consacré à l'enrobage des déchets nucléaires par les liants ciment et bitume, au Commissariat à l'énergie atomique (CEA).

Docteur en chimie, **Catherine Rabbe** travaille aussi au CEA. Après avoir fait dix ans de recherches sur la gestion des déchets radioactifs, elle est maintenant directrice du Visiatome, un centre de culture scientifique sur la radioactivité, les énergies et les déchets radioactifs situé à Marcoule, dans le Gard.

Diplômé de l'École nationale d'arts décoratifs de Limoges, **Yann Fastier** a écrit et illustré une vingtaine de livres, pour les enfants comme pour les plus grands ! Citons, par exemple, *Rapport secret sur les dents de lait*, à L'Atelier du poisson soluble, ou *C'est quand que les poules auront des dents ?*, aux éditions Rue du Monde.

relecture : Valérie Gautheron

ISSN 1770-7943
ISBN 2-7465-0295-X
www.editions-lepommier.fr
239, rue Saint-Jacques
75005 Paris

Christophe Joussot-Dubien
Catherine Rabbe
illustré par Yann Fastier

Tout est chimie !

Ouvrage publié avec le concours
du ministère de la culture et de la communication
(Centre national du livre et
Cité des sciences et de l'industrie)
dans le cadre du fonds Jules Verne

Éditions
Le Pommier

N'ayez pas peur, les enfants !... Vous voyez bien que ce n'est qu'un déguisement d'atome !

Aujourd'hui, comme souvent le samedi, Baptiste et Zélie, sa petite sœur, passent la journée avec leur tatie Julie. Julie aime bien s'occuper de ses neveux, même s'ils sont parfois un peu fatigants : ils sont plutôt du genre excités comme des puces ! Baptiste est un vrai casse-cou et Zélie est curieuse de tout. D'ailleurs, Julie a souvent du mal à répondre à toutes les questions qu'elle pose sans arrêt. Baptiste, lui, préfère grignoter des bonbecs et trouve que les sciences, « c'est beaucoup trop compliqué à comprendre ».

D'habitude, Julie emmène les enfants au cinéma, ou dans le parc à côté de chez elle lorsqu'il fait beau. Ils y retrouvent beaucoup de copains et ça finit traditionnellement par une grande partie de balle au prisonnier. Aujourd'hui, une surprise les attend. En effet, pendant plusieurs mois, Julie, dans le laboratoire de chimie où elle travaille, a participé à la construction d'un tout nouveau parc d'attractions qui vient d'ouvrir ses portes à quelques kilomètres de chez elle. Il porte le nom de « Chimiland ». Comme elle a reçu trois invitations, elle a pensé que c'était une bonne occasion pour faire découvrir aux enfants tous les secrets de la chimie. Le slogan du parc est d'ailleurs assez attrayant : « Partez à la découverte de la chimie au travers d'une multitude d'animations rigolotes et sérieuses ! » Tout un programme !

Qu'est-ce qui compose la matière ?

Zélie — Chouette tatie, on arrive à Chimiland !

Baptiste — Bouh ! regarde ces deux affreux, ils ont une drôle d'allure !

Atom Hat — Affreux toi-même ! Tu vas voir si je suis affreux, moi, je vais te décoller le nez !

Atom Hic — On se calme, Atom Hat, ils viennent juste d'arriver et je te rappelle que c'est Julie qui les accompagne. Présente-toi poliment. Je suis sûr que la petite fille…

Atom Hat fait son plus grand sourire et relève le menton :

— Je m’appelle Atom Hat, et à côté de moi, c’est Atom Hic.

Baptiste — Quels noms bizarres, Ato’j’sais-pas-quoi !

Tatie Julie — Ce sont les animateurs de Chimiland, ce sont des personnes déguisés en atomes !

Zélie — Des « natomes » ? Mais qu’est-ce que c’est ?

Atom Hic — Un atome, c’est la brique élémentaire qui compose toute la matière qui nous entoure.

Baptiste — Oh là là ! Il m'embrouille le cerveau tatie, on peut rentrer ?

Tatie Julie — Mais non Baptiste, écoute bien, fais un petit effort ! Il dit tout simplement que tout ce qui nous entoure, le bois, les plantes, les maisons, nos vêtements, en bref tous les objets que nous utilisons et même notre corps sont formés de tout petits grains minuscules qu'on appelle des « atomes ».

Atom Hic — Eh oui ! Mon chapeau, par exemple, est constitué de plein d'atomes.

Zélie — Et ça ressemble à quoi, des atomes de chapeau ? Ce sont des minichapeaux collés les uns aux autres ?

Atom Hat — Je crois qu'on part de loin, va falloir être patient avec ces deux-là !

Atom Hic, en s'adressant à Atom Hat — Pas de problème, on est là pour ça.

Et, en se retournant vers Zélie :

— Non, Zélie, les atomes ont tous la même forme, on peut les représenter comme une boule, une toute petite boule qui mesure environ dix milliardièmes de mètre de large : c'est très très très petit.

Zélie — Dix milliardièmes de mètre ! Waouh ! Mais ça fait quoi ça, exactement ?

Tatie Julie — C'est tout petit. Si tu dessines un point très fin avec la pointe de ton crayon de papier, ce point sera plusieurs millions de fois plus gros qu'un atome.

Zélie — Si je comprends bien, un atome, c'est la plus petite chose qui existe.

Tatie Julie — Pas tout à fait, car l'atome est lui-même composé de différentes parties : les électrons, les protons et les neutrons. Ce sont des particules qui ressemblent elles aussi à des petites boules. Les protons et les neutrons forment le noyau de l'atome. Le noyau ressemble à une minuscule framboise dont chaque grain serait un proton ou un neutron.

Baptiste — Miam ! Et ça se mange, les noyaux-framboises ?

Atom Hat — Ah ! mais je vois que nous avons affaire à un gaillard qui a bon appétit ! Tu veux qu'on aille faire un tour du côté de la Buvette-Éprouvette ?

Tatie Julie — Un peu de sérieux, Atom Hat, on commence à peine. Il faut encore parler des électrons qui tournent à toute vitesse autour du noyau : ils sont attirés par les protons dans le noyau et restent ainsi à proximité. C'est un peu comme les satellites qui tournent autour de la Terre.

Baptiste — Ou comme des abeilles autour d'un pot de confiture !

Zélie et *Tatie Julie*, en chœur — Quel gourmand, ce Baptiste !

Baptiste, bougon — Arrêtez de vous moquer de moi, c'est pas gentil ! Pour une fois que je fais un effort pour suivre !

Baptiste s'éloigne du groupe pour bouder. Sa petite sœur Zélie va le chercher :

— Allez Baptiste, on rigolait avec tatie ! Viens plutôt écouter ce que les atomes nous racontent, on apprend plein de choses et on pourra les raconter à papa et maman ce soir.

Baptiste, encore boudeur — D'accord, mais vous promettez d'être gentils avec moi, alors !

Les enfants reviennent vers Julie, Atom Hic et Atom Hat en se tenant par la main.

Zélie, en s'adressant à Julie — Au fait, les atomes avec leurs noyaux et leurs électrons qui forment toutes les choses qui nous entourent, ils sont tous les mêmes ?

Tatie Julie — Eh non, les enfants, des atomes, il en existe une centaine de différents et chaque atome différent porte un nom différent. Par exemple, « hydrogène »,

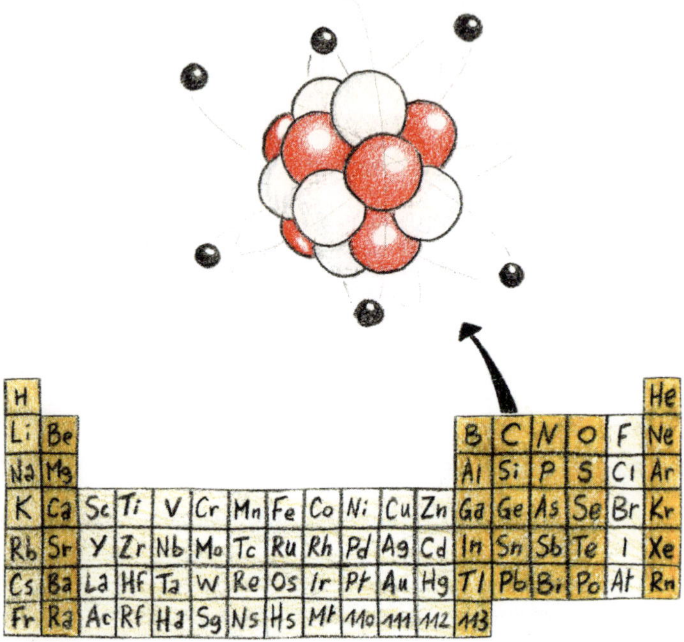

Le tableau de Mendeleïev, qui recense tous les atomes

« carbone », « oxygène » ou encore « uranium » sont des noms d'atomes.

Zélie — Et l'Atom Hat, c'est aussi un nom d'atome ?

Atom Hic — Non Zélie, Atom Hat n'est pas un atome, il est beaucoup trop gros.

Atom Hat — Comment ça, gros !??!!

Atom Hic — Rondouillard et susceptible ! Mais en fait, c'est lui qui a choisi ce nom rigolo car il porte toujours un chapeau, et en anglais « chapeau » se dit *hat*.

Atom Hat — Et toi, tu t'appelles Atom Hic parce que tu as toujours le hoquet !

Baptiste, qui ne boude plus car il rigole aux facéties des deux animateurs — Ah ah ah ! t'as la patate, Atom Hat !

Tatie Julie — Un peu de sérieux, les jeunes, je continue avec mes histoires d'atomes. Je disais donc qu'il existe une centaine d'atomes différents, qui portent chacun un nom différent et qui permettent de faire toute la matière qui nous entoure. Les atomes qui forment une mine de crayon de papier ne sont pas les mêmes que ceux qui forment vos cheveux, ni les mêmes que ceux qui forment ce banc en fer.

Baptiste — À mon avis, ceux du banc, ils doivent être vachement plus costauds que ceux de mes cheveux !

Tatie Julie — Pas tout à fait, les atomes ne ressemblent pas à l'objet qu'ils forment. C'est la façon dont ils vont s'assembler les uns avec les autres qui va faire que l'objet sera dur ou mou, cassant ou solide.

Zélie — Mais comment ils font, les atomes, pour former toutes ces choses ? Ils se collent entre eux et ça forme une chaise ou une personne ?

Tatie Julie — Les atomes, c'est comme des briques qui servent à construire plein de maisons différentes. Les maisons s'appellent des « molécules ».

Baptiste — Et les atomes, ils tiennent avec du ciment pour faire les molécules, comme les briques dans les maisons ?

Tatie Julie — Non, ce sont les électrons d'un atome qui se lient aux électrons d'un autre atome ; ce lien s'appelle une « liaison chimique ». C'est comme si les atomes se tenaient par des sortes de mains, qui sont en fait les électrons, pour former une ronde ou une file.

Baptiste — Les électrons, c'est ceux qui tournent super-vite autour du noyau-framboise ?

Atom Hat — T'as tout juste, mon pote ! Je vois que le p'tit gars pige vite maintenant qu'il écoute !

Atom Hic — Les atomes peuvent former une, deux, trois liaisons chimiques, ou plus, selon le nombre d'électrons autour d'eux.

Julie — Par exemple, le carbone peut former quatre liaisons car il a quatre électrons disponibles autour de son noyau, mais l'hydrogène ne peut former qu'une seule liaison, car il ne possède qu'un seul électron. Et quand le carbone se lie avec quatre hydrogènes, il forme une molécule qui s'appelle le « méthane ».

Zélie — Ah bon ? les molécules, elles ont des noms aussi ?

Atom Hic — Eh oui, la molécule qui est composée de deux atomes d'hydrogène et d'un atome d'oxygène, c'est la plus connue, c'est la molécule d'eau. Elle peut se décrire aussi par sa formule : H_2O. Cela se dit H-2-O !

Baptiste — On dirait un nom de code !

Tatie Julie — Oui, il y a aussi la molécule CO_2 (on dit C-O-2), qui est formée d'un atome de carbone et de deux atomes d'oxygène. C'est le dioxyde de carbone. On l'appelle aussi « gaz carbonique ».

Zélie — Y'en a beaucoup, des molécules ?

Tatie Julie — Ah ça ! oui, il y en a des tas ! On en connaît plus de vingt millions. Des petites comme la molécule d'eau ou du gaz carbonique mais également des très grosses, avec des milliers d'atomes : la molécule d'ADN, par exemple, que l'on trouve dans les cellules de notre corps, est formée de milliers d'atomes.

Atom Hic — Vous avez vu comment est faite la matière ? Des protons, des neutrons et des électrons qui forment des atomes, puis les atomes qui forment des molécules et les molécules qui forment la matière qui nous entoure. Et ça, ce n'est que le début, ce sont les ingrédients de base de la chimie.

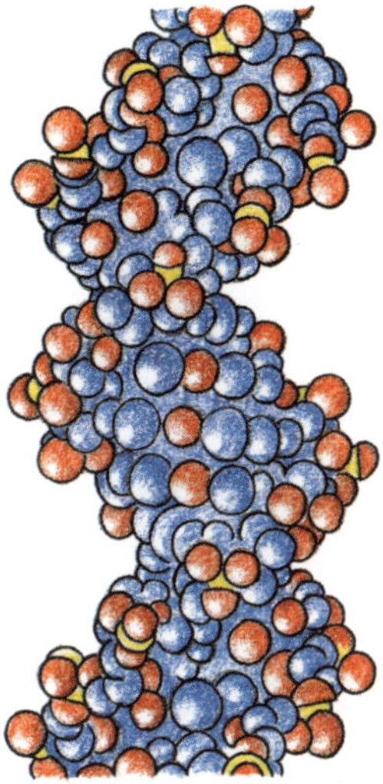

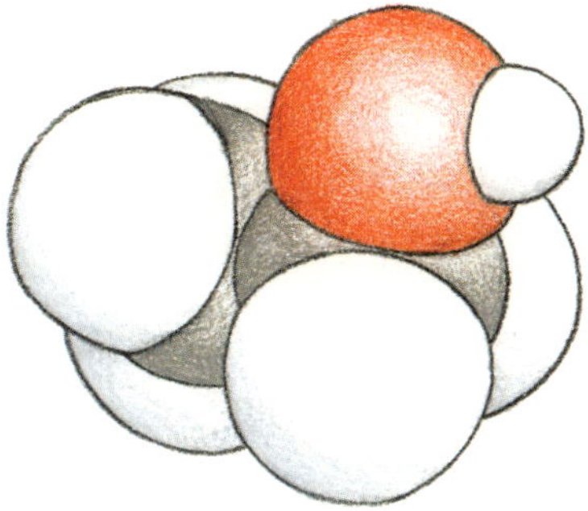

Une molécule d'éthanol

Une molécule d'ADN

Atom Hat — Stop les parlotes ! On est des gars faits pour l'action ou pas ? Allez, on fonce vers de nouvelles aventures !

Baptiste — De l'action qui bouge ? Ici ?

Atom Hat — Tu vas être servi, on part vers le « Grand 3 » !

Pourquoi c'est gazeux, liquide ou solide ?

Nos amis se retrouvent rapidement au pied d'un immense circuit qui ressemble plus ou moins à des montagnes russes. Mais, de là où ils sont, ils ne voient que le début de l'attraction…

Tatie Julie, en s'adressant à Zélie et Baptiste — Bon, vous avez bien suivi les explications ? On va donc pouvoir attaquer les choses sérieuses !

Atom Hat, en cherchant à effrayer la troupe d'une grosse voix sourde — On va vous donner des frissons ! Venez, embarquez au « Grand 3 de la matière pure ».

Baptiste, pas impressionné du tout — Qu'est-ce que c'est que ce machin ?

Atom Hic — C'est simple, c'est comme un grand huit, sauf qu'ici, le train va traverser les trois états dans lesquels on peut trouver la matière : le gaz, puis le liquide et enfin le solide ! Embarquez dans la prochaine navette et attachez vos ceintures, ça va secouer fort !

Les deux enfants montent à l'avant du wagonnet encadrés par les deux atomes alors que Julie s'installe juste derrière eux. Ils s'attachent, le cockpit se referme lentement… et les voilà partis sur les rails en direction du ciel !

Baptiste — Tatie, pourquoi on monte aussi haut ?

Tatie Julie — Je pense que nous commençons par le gaz. L'air que nous respirons est un gaz qui est composé de différents types de molécules : le dioxygène et le diazote sont les molécules les plus répandues. Près du sol, on trouve d'autres molécules sous forme gazeuse, plus lourdes, comme le CO_2. En revanche, plus on monte haut, moins il y a de molécules de gaz dans l'air, comme celles du dioxygène par exemple.

Zélie — Mais si on monte trop haut avec ce wagon, on ne pourra plus respirer !

Atom Hat — Pas de panique, la demoiselle, notre engin n'est pas conçu pour aller si haut !

Tatie Julie — Zélie, ce n'est qu'aux sommets des plus hautes montagnes que l'on manque d'oxygène pour respirer, on ne risque rien dans ce parc.

Atom Hic — Non, on est mieux ici que juste derrière le pot d'échappement d'une voiture qui produit du CO_2 !

Atom Hat, en criant pour recouvrir le bruit du manège — Et c'est la descente, aaaaaaaaahhhhh ! Fermez les fenêtres pour le grand plongeon dans le liquide !

Le wagon descend en effet à vive allure vers une immense étendue d'eau. Splash !

Baptiste — C'est comme dans un sous-marin maintenant ?

Atom Hic — Oui, on vient de passer du gaz au liquide. La principale différence entre ces deux états de la matière, c'est que, dans le liquide, les molécules sont beaucoup plus rapprochées les unes des autres que dans le gaz.

Zélie — Comme dans le métro aux heures de pointe ?

Atom Hic — Exact, Zélie, dans un volume identique, comme une bouteille par exemple, on trouve beaucoup plus de molécules quand la bouteille est remplie de

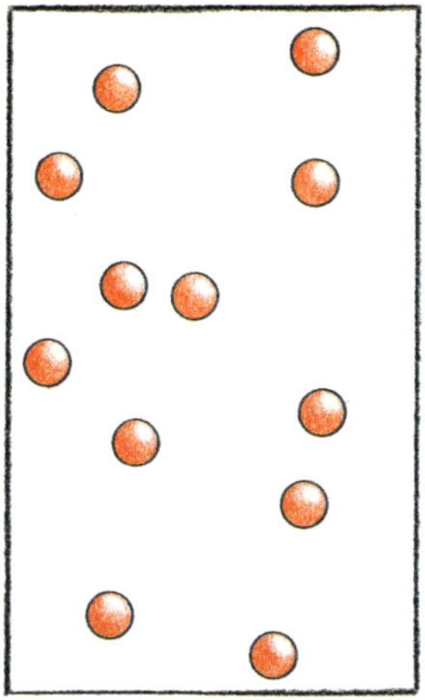

État gazeux

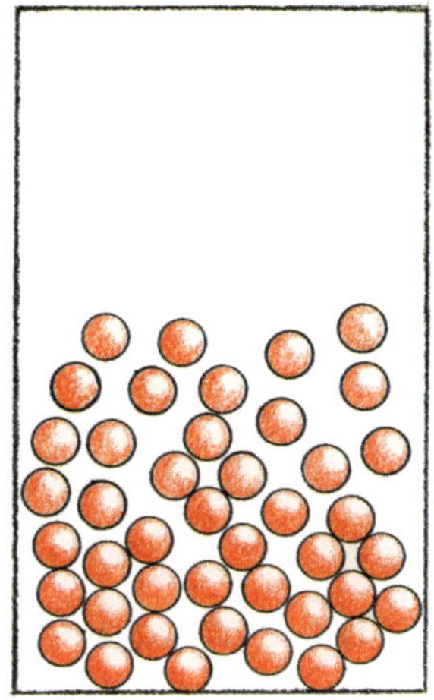

État liquide

liquide que quand elle ne contient que du gaz. La preuve, c'est qu'une bouteille remplie d'eau est bien plus lourde qu'une bouteille remplie de vapeur. Mais, qu'elles soient sous forme de gaz ou de liquide, ce sont toujours les mêmes molécules, il y en a juste plus ou moins dans un même volume.

Tatie Julie — L'eau, c'est l'exemple le plus parlant. Vous connaissez l'eau liquide, que vous buvez, et l'eau sous forme de vapeur, que vous voyez s'échapper de la casserole qui bout. Eh bien, toutes les molécules peuvent se retrouver sous forme de gaz ou de liquide.

Zélie — Est-ce que ça veut dire que les produits chimiques ne sont pas toujours liquides ?

Tatie Julie — À quels produits penses-tu, Zélie ? Tout n'est-il pas un produit chimique ?

Baptiste, en faisant la grimace — Je crois que Zélie veut parler des trucs dans le placard à ménage de la maison. Maman dit qu'il ne faut pas qu'on touche à toutes ces bouteilles en plastique.

Tatie Julie — Effectivement, ceux-là sont principalement sous forme liquide. Mais quand on parle de « produits chimiques », on désigne toutes les molécules qui sont dans les gaz, les liquides ou la matière solide qui nous entourent.

Atom Hat — Et ce n'est pas la peine de prendre ton air dégoûté, Baptiste ! Les produits chimiques ne sont pas tous sales.

Atom Hic — Ça dépend lesquels, c'est comme chez les humains, il y en a des grands, des petits, des sensibles, des costauds, des dangereux, des qui-sentent-bon…

À ce moment-là, le wagon sort de l'eau liquide et passe dans une galerie étroite et blanchâtre.

Atom Hat — Regardez, des patins sortent de dessous la cabine, ça va glisser !

Baptiste — Après le sous-marin, la luge maintenant, c'est super, ce manège !

Tatie Julie — Eh oui, on vient de passer au troisième état de la matière : le solide.

Zélie — Ça, on le savait que les glaçons, quand on les sort du congélateur, ils deviennent de l'eau.

Tatie Julie — Ce que tu ne sais peut-être pas, c'est que l'eau a une spécificité bien à elle. En devenant solide, elle devient aussi plus légère que le liquide. Et c'est pour cela que les glaçons et les icebergs flottent.

Atom Hic — D'habitude, dans les solides, les molécules sont encore plus serrées les unes contre les autres :

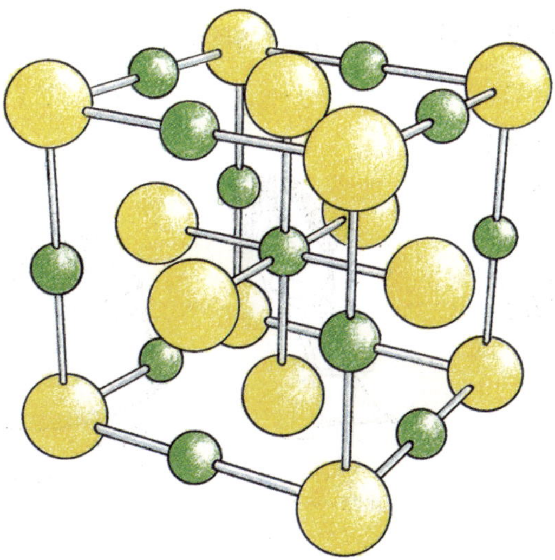

Un réseau de molécules de sel (NaCl) à l'état solide

donc les solides sont plus lourds que les liquides car il y a plus de molécules dans le même volume. Et même, dans certains cas, comme celui du banc en fer de tout à l'heure, on peut même dire que les molécules s'organisent très méthodiquement, comme les livres alignés dans une bibliothèque bien rangée. Les atomes forment alors un réseau, c'est pour cela que les solides sont durs et pas les liquides.

Atom Hat — Beaucoup de frissons mais plus aucun mystère dans la chimie pour vous maintenant : ça pète, ça glougloute, ça casse ! C'est ça, la matière dans tous ses états !

Tatie Julie — Atom Hat, voyons ! On ne peut pas dire que la poésie et la délicatesse soient ton fort ! On doit plutôt se rappeler qu'un même produit chimique, c'est-à-dire un ensemble de molécules, ça peut passer du solide au liquide et au gaz en faisant varier simplement la température ou la pression.

Zélie — Pour la température, je vois ce que tu veux dire. C'est comme pour la casserole pleine d'eau sur la cuisinière. Quand j'allume la plaque, la température monte et l'eau liquide se transforme en vapeur.

Atom Hic — Exactement ! À 100 °C, l'eau liquide se vaporise ! Bravo Zélie !

Baptiste — Mais la pression, ça vient faire quoi là-dedans ?

Tatie Julie —Tu le sais bien, tu fais suffisamment de vélo ! Quand tu gonfles un pneu avec ta pompe, tu augmentes la pression de l'air qui est dans la chambre à air.

Baptiste, qui mime le geste avec ses deux bras comme s'il avait une pompe dans les mains — Oui, ça, je sais le faire à fond !

Tatie Julie — Eh bien, maintenant, considère que ce n'est plus de l'air que tu mets mais du CO_2 que tu comprimes dans une grosse bouteille en fer. Tu pompes, la pression monte dans la bouteille et qu'est-ce qui se passe ?

Baptiste, tout perdu et cherchant de l'aide auprès de Zélie — Euuuhh… il y a trop de pression sur moi, là.

Tatie Julie — Ce n'est pas dur : quand tu comprimes un gaz, il peut devenir liquide au fond de la bouteille. Par exemple, le CO_2 devient liquide si on le comprime à soixante fois la pression atmosphérique, c'est-à-dire soixante fois plus que la pression de l'air qu'on respire.

Baptiste — Faut être fort pour souffler autant dans une bouteille ! Très peu pour moi.

Atom Hat — Oui, laissons les machines faire ça et nous, on va vous montrer un coin pour manger.

Baptiste — Oh ! oui ! j'ai super-faim, ça m'a creusé de faire ce « Grand 3 » !

Julie et les enfants se dirigent vers la Buvette-Éprouvette pour trouver une table et manger tandis que Atom Hic et Atom Hat repartent vers l'entrée de Chimiland pour accueillir d'autres visiteurs.

Comment les molécules réagissent entre elles ?

Tatie Julie, Baptiste et Zélie s'attablent à l'ombre et commandent leur repas, du poulet avec des frites et un soda

pour les enfants, une salade et de l'eau gazeuse pour Julie. Quelques minutes plus tard, ils commencent à manger.

Baptiste — Miam, ça sent bon le poulet !

Tatie Julie — C'est sûr ! Sais-tu que ce sont des molécules qui sont responsables de la bonne odeur du poulet ?

Baptiste — Encore tes fameuses molécules ? Elles ne font pas la pause à midi ?

Zélie — Mais, tatie, pourquoi le poulet cru ne sent pas aussi bon ? Parce que les molécules de poulet cru ne sont pas les mêmes que les molécules de poulet grillé ?

Tatie Julie — En quelque sorte. Sous l'action de la chaleur du four, certaines molécules du poulet, les protéines et les sucres, réagissent entre elles pour former de nouvelles molécules. Certaines de ces nouvelles molécules sont odorantes, elles voyagent dans l'air jusqu'à ton nez, d'autres sont à l'origine de la couleur du poulet grillé.

Zélie — Et qu'est-ce que ça veut dire que les molécules « réagissent entre elles » ?

Tatie Julie — Ça veut dire que plusieurs molécules se lient entre elles pour en former de nouvelles. C'est encore une histoire d'électrons : les électrons d'un atome d'une molécule se lient, par une « liaison chimique », aux électrons d'un atome d'une autre molécule et forment ainsi une troisième molécule.

Zélie — Mais alors, quand elles réagissent, les molécules, elles deviennent toujours plus grosses ?

Tatie Julie — Pas toujours, parce que certaines réactions chimiques peuvent être dues à une molécule qui se casse en deux. Dans ce cas, ce sont les électrons qui forment la liaison chimique entre deux atomes qui se séparent pour former deux molécules plus petites.

Baptiste — Oh là là ! c'est compliqué ! Laissez-moi manger mon poulet parce qu'il est en train de refroidir. C'est à peine si on peut encore sentir sa bonne odeur de grillé !

Tatie Julie — Tu as tout à fait raison, Baptiste. Les molécules qui sentent bon sont libérées par le poulet en plus grand nombre quand il est chaud. Quand le poulet est froid, il y a beaucoup moins de molécules qui sont libérées et tu sens donc moins les odeurs.

Les enfants reprennent leur repas en silence, la tête pleine d'images de molécules qui se forment, qui se cassent et qui voyagent du poulet vers le nez.

Baptiste, qui a très soif, prend sa bouteille de soda et dévisse le bouchon. Pschitt ! Le gaz contenu dans la bouteille s'échappe d'un seul coup et fait déborder le liquide.

Zélie — Ça y est, Baptiste se prend pour un grand chimiste et fait exploser les bouteilles !

Baptiste — S'il te plaît, Zélie, tu ne vas pas t'y mettre ! Tu vois bien que je n'ai pas fait exprès et puis, c'est pas de la chimie, ça !

Tatie Julie éclate de rire :

— Eh si Baptiste, c'est encore de la chimie ! Dans une bouteille de soda fermée, il y a du gaz carbonique dissous dans le liquide. Lorsqu'on ouvre la bouteille, la pression chute brutalement et le gaz dissous s'échappe du liquide.

Baptiste — Décidément, la chimie, y'en a vraiment partout... Et dire que personne ne me l'avait dit avant !

Atom Hic et Atom Hat, en passant devant la buvette, retrouvent Julie et les enfants.

Atom Hic — Alors les petits loupiots, vous avez bien mangé ?

Baptiste — J'ai mangé comme quatre et en plus, on n'a pas arrêté de faire de la chimie, mais je crois que j'ai envie de dormir !

Atom Hat — C'est parce que tu digères : il se passe plein de réactions chimiques dans ton corps.

Baptiste — Eh ! ça va pas ? Je suis pas une usine chimique, moi !

Atom Hat — Eh si mon pote ! Quand les aliments arrivent dans ton estomac après que tu les as mâchés, ils sont attaqués chimiquement par des produits que ton corps fabrique.

Baptiste — Je fabrique des produits chimiques, maintenant ?

Atom Hic — Des tas ! Ceux de l'estomac, qui attaquent les aliments, s'appellent des « sucs gastriques », on en fabrique plus d'un litre par jour.

Zélie — Et ils servent à quoi, ces « sucres » gastriques ?

Tatie Julie — Les « sucs », Zélie. C'est un liquide formé de plusieurs molécules qui vont réagir avec les aliments pour les réduire en bouillie.

Baptiste — C'est pour les bébés, la bouillie !

Tatie Julie — Oui, mais cette bouillie-là, elle a transformé les aliments en d'autres molécules qui pourront passer dans le sang pour te donner de l'énergie.

Baptiste — Alors, maintenant qu'on a fait le plein d'énergie, on peut continuer ?

Tatie Julie — Oui, mais avant, vous allez vous laver les mains, elles sont couvertes de graisse de poulet. Si vos parents vous trouvent dans cet état, je ne suis pas prête de pouvoir faire une autre sortie avec vous !

Baptiste et Zélie, pressés de reprendre la visite de Chimiland, ne discutent pas et courent vers le lavabo tout près de leur table. Ils se savonnent les mains en essayant de faire les plus grosses bulles possible.

Zélie, en se tournant vers Julie — Et ça ressemble à quoi, les molécules de savon, tatie ?

Tatie Julie — Il n'existe pas de molécules de savon. Celui-ci est fabriqué en mélangeant différentes molécules, dont certaines, qu'on appelle des « tensioactifs », ont une forme particulière et ressemblent à des minuscules épingles.

Baptiste — Des épingles ? C'est pour ça que ça pique les yeux quand on se lave les cheveux ?

Tatie Julie — Non Baptiste. Les épingles, c'est juste pour que tu arrives à imaginer la forme de la molécule : une tête et une queue, comme dans une épingle. La tête est attirée par l'eau tandis que la queue est attirée par les graisses. Quand tu te savonnes les mains, les queues des molécules vont entourer la graisse et former des petites boules dont la surface sera formée par les têtes. Quand tu rinces, les petites boules partent dans le lavabo en entraînant la graisse enfermée à l'intérieur. Et fini les mains grasses !

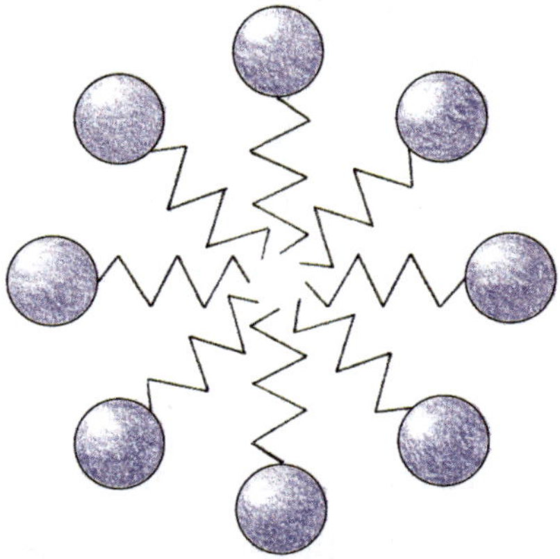

Les tensioactifs

Zélie, un peu rêveuse après l'explication de Julie — C'est fou ! On fait de la chimie tous les jours sans le savoir ! Et moi qui croyais que la chimie, ce n'était pas naturel !

Tatie Julie — Ça, ma chérie, ça dépend. Dans la nature, dans notre corps ou dans notre vie de tous les jours, il se passe plein de réactions chimiques. Mais les hommes peuvent aussi faire de la chimie pour fabriquer de nouvelles choses. Certaines matières existent dans la nature, comme le bois, les pierres, le caoutchouc, la laine... Mais d'autres, comme les plastiques, ont besoin d'être fabriquées.

Atom Hic — Justement, les enfants, si vous me suivez, vous pourrez voir tout ça dans notre prochaine attraction, la « Pipette doseuse » !

Les réactions chimiques sont-elles toutes naturelles ?

Nos amis arrivent à l'entrée d'une caverne éclairée par des torches bizarres. Au fond de la salle, une immense table recouverte de carrelage blanc et, sur la table, plein de récipients en verre de toutes les formes, dans lesquels on peut apercevoir des liquides et des solides de toutes les couleurs – des bleus, des jaunes, des rouges, et même un liquide vert duquel sortent des bulles et de la fumée. Les enfants en restent bouche bée. Baptiste, lui, ne reste pas longtemps inactif : il a envie d'aller voir ce qui se passe de plus près dans cette caverne, même s'il faut avouer qu'il a, lui aussi, un peu peur. Zélie reste prudemment derrière Julie. Atom Hic et Atom Hat éclatent de rire en voyant la tête des enfants.

Atom Hat — Alors, ils sont où, les courageux ?

Atom Hic — Vous voilà à la « Pipette doseuse », notre attraction-laboratoire !

Zélie — Mais qu'est-ce qu'on doit faire ici ?

Tatie Julie — On est dans un laboratoire de chimie. C'est dans des laboratoires comme celui-là que les chimistes inventent de nouvelles matières.

Baptiste — Et ces torches au mur, j'en ai jamais vu des comme ça ?

Atom Hat — Elle est top, la déco ! J'ai bien vu que vous aviez la pétoche !

Baptiste hausse les épaules tandis que Zélie commence tout juste à apprécier la mise en scène.

Atom Hic — Ce n'est pas si terrible. Tenez, par exemple, au mur, on a décidé d'éclairer la « Pipette doseuse » avec des becs Bunsen.

Baptiste — Des becs de quoi ?

Tatie Julie — Les becs Bunsen sont des petits réchauds que les chimistes utilisent pour chauffer leurs mélanges.

Zélie — Et ça sert à quoi de chauffer ?

Tatie Julie — Ça sert juste à faire démarrer plus vite des réactions chimiques. Certaines mettraient trop longtemps à se faire si on ne chauffait pas, et d'autres ne se feraient même pas du tout.

Atom Hat — Hé, les terreurs, ça vous dirait de vous déguiser en chimistes ?

Baptiste — Chouette ! j'adore me déguiser ! Je suis le Spider Man de la chimiiiiiiiiiie ! Où ils sont ces déguisements ?

Atom Hic leur apporte une blouse blanche, une paire de drôles de lunettes et des gants en caoutchouc.

Baptiste, étonné — C'est ça, ton déguisement ? Je préfère te dire que celui de Spider Man est autrement mieux !

Atom Hat — Celui-là, c'est la panoplie du super-chimiste, lui aussi a des pouvoirs magiques. Il peut fabriquer plein de nouvelles molécules.

Zélie — Moi, en tout cas, je ne veux pas mettre ces lunettes, elles sont vraiment trop moches ! C'est plus la mode des lunettes en plastique comme ça.

Atom Hic — Mais tu n'as pas le choix, demoiselle, c'est pour protéger tes jolis yeux bruns.

Tatie Julie — Oui Zélie, les produits chimiques contiennent des molécules qui pourraient abîmer tes yeux si tu recevais des projections. C'est pourquoi on se protège toujours quand on fait de la chimie. La blouse permet de protéger les vêtements, comme quand tu fais de la peinture, les lunettes protègent les yeux et les gants protègent les mains.

Zélie s'équipe donc avec la tenue de chimiste. C'est finalement assez rigolo de voir Baptiste ainsi vêtu.

Zélie — Tatie, prends Baptiste en photo ! On dirait une mouche avec ses grosses lunettes ! Je veux montrer ça à mes copines à l'école !

Baptiste — T'as pas intérêt, et puis, si tu voyais ta tête, c'est pas mieux !

Atom Hat — Bon, les p'tits loups, vous venez découvrir le laboratoire ? Atom Hic, tu leur montres le matériel ?

Atom Hic rassemble différents récipients en verre, des flacons de produits chimiques et installe les enfants sur de hauts tabourets.

Baptiste — C'est quoi, tous ces récipients ? On se croirait dans la cuisine quand maman va nous faire un gâteau et qu'elle sort tous ses plats des placards…

Tatie Julie — C'est un peu pareil pour le chimiste. Dans son laboratoire, il utilise toutes sortes de « plats » pour faire ses réactions chimiques.

Atom Hat — Des pipettes, des éprouvettes, des burettes, des pissettes, c'est chouette !

Une pissette…

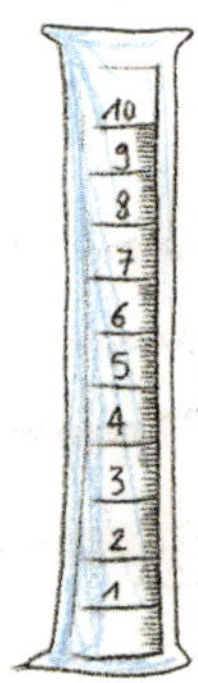

Une éprouvette…

… et une pipette !

Atom Hic — Atom Hat, arrête ! Tu les embrouilles avec tes noms bizarres ! À chaque forme de récipient correspond un nom pour le désigner. Par exemple, celui qui ressemble à un verre haut et étroit, avec des graduations comme sur les règles graduées, s'appelle une « éprouvette ».

Baptiste — Comme le nom de la buvette !

Atom Hic — Tout juste ! La pipette, c'est un tube long et fin qui sert à aspirer un liquide d'un récipient pour le mettre dans un autre. Et la pissette…

Atom Hat — J'adore la pissette, ça me fait toujours penser à…
Atom Hic — Stop, Atom Hat ! Je te vois venir, avec tes gros sabots… Je disais, la pissette, c'est ce flacon en plastique que l'on utilise pour mettre différents liquides comme l'eau ou l'alcool.
Zélie — Et qu'est-ce qu'ils font, les chimistes, avec tout ça ?
Tatie Julie — Ils se servent de ces récipients pour mesurer, peser, faire réagir des molécules chimiques entre elles et fabriquer de nouveaux matériaux.
Zélie — Comme quoi par exemple ?
Tatie Julie — Comme les plastiques, les produits de beauté, les médicaments, les lessives ou encore l'essence. Tout ce qu'on connaît, et qui n'existe pas dans la nature, a été fabriqué par l'homme : c'est ce qu'on appelle la « synthèse ». Les synthèses chimiques sont d'abord faites sur de petites quantités de molécules dans des laboratoires comme celui-là. Et ensuite, quand la réaction marche bien, on peut la faire dans des usines.
Zélie — Je m'en doute, parce que ce n'est pas dans cette éprouvette qu'on va pouvoir faire assez d'essence pour remplir le réservoir de la voiture de mon papa !

Atom Hic — Et voilà les enfants ! Maintenant, vous savez qu'il existe des réactions chimiques naturelles, comme la digestion des aliments dans notre corps, et que d'autres, comme la fabrication des plastiques ou de l'essence, ont été inventées par les chimistes dans leurs laboratoires. Mais tout ça, que ce soit naturel ou artificiel, c'est de la chimie

Enchantés par tout ce qu'ils ont appris, Baptiste et Zélie sortent de la « Pipette doseuse » pour poursuivre leur découverte de Chimiland. Après un passage sportif par les jeux d'escalade en forme de molécules géantes pour se dégourdir les jambes, Zélie revient vers Julie :

— On fait une pause ? Je n'en peux plus.

Atom Hat — Quoi ? déjà ? Comme attraction, on a juste fait la « Pipette doseuse », il nous en reste encore plein : les « Analyses chromatographiques ioniques », le « Simulateur des liaisons orbitales 5f », et plein d'autres ! Il y a encore un max de choses à voir, il ne faut pas traîner !

Baptiste — Moi, je ne suis pas contre une petite pause pour le goûter. Il me reste justement deux ou trois barres chocolatées.

La chimie, ça pollue ?

Zélie s'assoit à côté de Julie tandis que Baptiste fouille au fond de ses poches pour sortir son goûter. En moins de deux, il a tout dévoré.

Baptiste — Ouah ! ça fait du bien ! Bien bonne cette barre de chocolat.

En s'étirant, Baptiste jette le papier au pied d'un arbre.

Atom Hat — Mais il est fou de la tête, ce gosse !

Atom Hic fait de gros yeux à Atom Hat :

— Parle mieux, voyons, et explique plutôt à Baptiste pourquoi on ne doit rien jeter dans la nature.

Atom Hat — Dis-lui, toi. Tu sais mieux que moi faire les raisonnements compliqués.

Zélie — Ho ! les atomes comiques ! faudrait pas en faire trop non plus ! C'est pas grave le bout de papier de Baptiste quand on voit toute la pollution qui sort des cheminées des usines…

Tatie Julie — Mais enfin Zélie, je ne vois pas le rapport…

Zélie — Les usines chimiques, ça sent toujours mauvais quand on passe devant. Donc, la chimie, ça pollue la Terre beaucoup plus qu'un simple bout de papier.

Atom Hat — Là, c'est la petite qui a des mauvais nœuds dans son cerveau.

Et, s'adressant à Atom Hic :

— Il ne faut pas lui laisser dire ça. La Zélie, elle est gentille et elle a d'habitude la comprenette fastoche.

Atom Hic — Tu sais, polluer en jetant un papier par terre ou bien avec des produits chimiques, c'est un peu la même chose, ça salit notre environnement... Et puis, c'est vrai que les usines ont des rejets parfois polluants, mais retiens aussi tout ce qu'elles produisent d'utile.

Zélie — Hein ?

Tatie Julie — Le but des usines chimiques, c'est de fabriquer beaucoup de produits composés de différentes molécules complexes qui nous rendront service dans la vie de tous les jours, comme les peintures, les plastiques pour vos jouets, les engrais pour les plantes ou tout simplement l'essence pour les voitures à partir de pétrole… Mais pour faire ça proprement, elles cherchent toujours à minimiser les rejets qui polluent.

Zélie — Mais c'est quoi, exactement, la pollution ?

Tatie Julie — Pour ce qui concerne la pollution chimique, ça peut se résumer à la libération dans notre environnement de molécules toxiques en grandes quantités. Cette pollution se propage sous trois formes : les fumées que l'on voit sortir des cheminées, les rejets liquides qui vont dans les rivières, et les déchets solides qui s'accumulent dans les décharges.

Baptiste — Tiens, ça me rappelle le « Grand 3 de la matière » de ce matin.

Atom Hic — En quelque sorte, mon garçon !

Tatie Julie — Donc, si les usines travaillent mal, elle rejettent beaucoup de molécules toxiques dans l'eau, dans l'air ou dans le sol qui sont tout autour.

Zélie — Ah ! c'est bien ce que je disais !

Tatie Julie — Mais, en fait, dans beaucoup de pays, comme la France, il existe des réglementations très précises sur ce que peuvent rejeter les usines chimiques afin de s'assurer que les habitants autour ne seront pas au contact de la pollution.

Zélie — Et dans les pays qui ne respectent pas ces règles ?

Tatie Julie — Là, c'est un autre problème, Zélie. Il n'est pas facile de faire comprendre à tous les habitants de la planète qu'ils doivent la respecter. Moi, je crois qu'il faut que nous tous, nous fassions des efforts. Il est du devoir du chimiste d'améliorer les usines mais aussi d'essayer de recycler au mieux les déchets.

Zélie — Recycler, c'est réutiliser ?

Tatie Julie — Exactement. Dans de nombreux cas, le chimiste doit penser à faire des usines toujours plus propres et sans rejet ; mais, il doit aussi veiller à ne pas gaspiller les matières premières (comme le pétrole). Il cherche donc à recycler les déchets. Si la planète reste propre et que nous utilisons au mieux ses ressources naturelles, nous sommes tous gagnants dès aujourd'hui.

Atom Hat — Julie, vous êtes super ! J'ai l'impression que tout est clair quand vous parlez, et vos deux petits vont maintenant se mobiliser efficacement contre la pollution.

Tatie Julie — Je voudrais surtout qu'ils comprennent que ce n'est pas la chimie qui est à la base de toutes les pollutions que nous voyons à la télé. C'est plutôt la façon dont nous vivons au quotidien qui est la cause de ces désastres, et si tout le monde faisait un petit peu attention, nous pourrions en éviter un grand nombre.

Atom Hic — Nous, les atomes, on fait toujours peur, alors qu'au fond, on serait du genre sympathique pour qui sait bien nous utiliser.

Atom Hat — C'est beau, je vais pleurer.

Baptiste — La chimie, c'est bien ou c'est mal, alors ?

Zélie — Les deux !

Tatie Julie — Ce n'est pas faux, ça dépend des fois et de comment on l'utilise.

Baptiste regarde tout autour de lui, avec attention :

— Bon, ça va, maintenant, je ferais bien une autre animation.

Atom Hat — En avant, les loustics, suivez le guide ! Nous pouvons aller à l'assaut du « Château de la sorcière à la potion magique ».

Et les médicaments, c'est de la chimie ?

Ils entrent tous ensemble dans un château et se retrouvent rapidement dans une grande pièce qui ressemble à une sorte de cuisine avec d'énormes marmites.

Atom Hic — Non, il ne faut pas avoir peur, c'est ici qu'on va montrer comment on fabrique les médicaments.

Baptiste — Parce que les médicaments, c'est de la chimie aussi ?

Tatie Julie — La plupart sont effectivement fabriqués dans de grands réacteurs. Ça ressemble un petit peu à ceux que tu vois là-bas.

Baptiste — Les sortes de grosses marmites avec tous les tuyaux qui plongent dedans ?

Tatie Julie — Oui, c'est là qu'on fait de nombreuses réactions pour préparer la molécule qui va devenir un médicament.

Zélie — Comme toi quand tu prépares tes soupes aux goûts bizarres avec plein de légumes et d'épices ?

Tatie Julie, qui, pour la première fois de la journée n'apprécie pas du tout une remarque de sa nièce — Qu'est-ce qu'elles ont mes soupes ? Elles sont très bonnes !

Atom Hic — Venez voir de plus près ce qu'il y a dans ma gamelle : on y fait une dissolution alcoolique avant filtration…

Atom Hat — Holà ! tout doux ! tu vas les embrouiller avec tes mots savants !

Tatie Julie — Il a raison, c'est simple, la chimie. Prenons la fabrication des médicaments, comme par exemple les antibiotiques que Baptiste a pris le mois dernier pour soigner son angine. Fabriquer des médicaments consiste à faire des réactions pour préparer en grandes quantités, comme dans une grande cuisine d'un restaurant, la bonne molécule qui est efficace contre la maladie que l'on souhaite soigner. Cette molécule s'appelle le « principe actif », car elle est active contre la maladie. Pour pouvoir ensuite l'avaler sans trop de difficulté, on la met dans un comprimé ou un sirop.

Baptiste — Moi, ce que je préfère, c'est les sirops à la banane !

Atom Hic — Oh ! Baptiste ! il faut faire attention à ne jamais les prendre si tu n'es pas malade, ni à en prendre trop d'un coup !

Baptiste — Oui, mais c'est bon, la banane !

Tatie Julie — Il faut tout de même bien respecter les doses données par le médecin. Un médicament, ça peut devenir un poison si on en prend trop.

Zélie — Les médicaments, c'est de la chimie mortelle ?

Tatie Julie — Non, je n'ai pas dit cela, je dis juste qu'il faut faire attention aux doses. Dans certains cas, un petit peu, ça soigne, mais beaucoup, ça rend encore plus malade.

Baptiste — Et par là, regardez, ça « bouille » et du liquide coule.

Atom Hic — Oui, pour faire toutes sortes de réactions chimiques, il faut souvent chauffer les solvants.

Les enfants se regardent, étonnés… Les deux atomes foufous parlent encore dans leur jargon impossible !

Tatie Julie — Un solvant, c'est un composé chimique liquide dans lequel on peut dissoudre des molécules. Par exemple, le sucre se dissout dans l'eau. On dit que l'eau est le « solvant » du sucre. Quand plusieurs molécules sont dissoutes dans un même solvant, elles peuvent alors réagir ensemble facilement.

Atom Hat glisse à l'oreille des enfants :

— Psitt ! Un solvant, ça peut être soit de l'eau, soit de l'alcool pur, soit d'autres composés chimiques comme le white spirit, que vous devez avoir déjà vu à la maison : on s'en sert pour nettoyer les pinceaux.

Atom Hic — On fait ensuite des distillations, des extractions ou des filtrations.

Atom Hat, coupant la parole à Atom Hic — Stop ! je ne vais pas pouvoir tout traduire, c'est du chinois pour eux !

Tatie Julie — Ce que veut dire Atom Hic, c'est que grâce à des opérations chimiques simples, et que l'on peut enchaîner successivement, il est possible de créer des molécules toujours plus complexes et plus pures pour de nouvelles applications. Ici, on parle de médicaments, mais il est possible d'appliquer ça aux crèmes pour la peau, aux peintures pour les bâtiments ou à toutes sortes de plastiques pour faire des jouets plus résistants et plus beaux. Et puis il y a aussi les écrans plats pour les jeux électroniques et...

Baptiste — Ne t'emballe pas, tatie, on a compris qu'avec la chimie, il est possible de faire des tas de trucs que les hommes préhistoriques n'auraient jamais imaginés.

Zélie — Ça voudrait dire que maintenant, on ne saurait plus vivre sans chimie ?

Atom Hic — Effectivement, Chimiland a été créé pour montrer, qu'aujourd'hui, la chimie est partout. Elle apporte beaucoup dans notre quotidien, à la maison, à

l'école, mais il faut être vigilant et attentif pour ne pas en abuser.

Zélie — C'est fascinant d'apprendre toutes ces choses sur la chimie. Je me demande justement, est-ce que...

Baptiste, qui voit venir une question à rallonge de sa sœur, lui coupe la parole :

— Bon, Zélie, t'es bien gentille mais on ne va pas y passer la nuit ! J'ai faim et les parents nous avaient promis d'aller manger une pizza ce soir !

Tatie Julie, en regardant sa montre — C'est vrai, l'heure tourne et je n'ai pas vu le temps passer à vous raconter tout ce qu'on peut faire en chimie ! Allez, on va devoir vous dire au revoir, les atomes.

Atom Hic — Quoi ? vous partez déjà ?

Atom Hat — Ben oui, tu crois pas qu'une journée avec toi, ça leur suffit ?

Zélie — Mais c'était une journée super. Moi, je ne pensais pas que la chimie, ça pouvait toucher autant de choses.

Tatie Julie — Tu comprends maintenant, Zélie, pourquoi je trouve mon travail passionnant. Pour être chimiste, c'est des fois dur, il faut faire des études, mais on exerce ensuite un métier au cœur de la vie. La chimie s'intéresse aux briques élémentaires de tout ce qui nous entoure. De plus, on la retrouve dans la médecine, la biologie, les produits alimentaires, mais aussi les matériaux pour construire une maison, une voiture ou un ordinateur. Et puis, ce qui est encore fascinant, c'est que même si nous avons fait de gros progrès depuis trois cents ans, il reste encore beaucoup choses qui sont mal comprises, voire inexpliquées.

Atom Hic — C'est plus que vrai ! Et dire qu'on a à peine eu le temps de parler des futurs défis que la chimie devra relever : être toujours moins polluante, respecter la nature et ne pas gaspiller les ressources de la planète.

Et tout ça, il faut le faire en améliorant la vie de tous les jours de chaque habitant de la Terre.

Atom Hat, refléchissant à haute voix — Je me demande si, avec tout ça, on ne pourrait pas aussi faire un bon jeu vidéo…

Baptiste, en faisant un clin d'œil à Atom Hat — Les atomes, j'ai été bien content de vous connaître ! Avant, c'était pas trop mon truc, la chimie, mais maintenant, je trouve ça génial.

Zélie — Salut Atom Hat, salut Atom Hic, à bientôt, parce que moi, je reviendrai et j'amènerai papa et maman pour leur montrer, à eux aussi, que tout est chimie !

À faire soi-même

L'eau, une molécule à part

Matériel : une petite bouteille en plastique, un feutre, un congélateur Remplis à moitié d'eau la bouteille en plastique, et avec le feutre, fais un trait pour marquer le niveau de l'eau. Mets la bouteille au congélateur en faisant attention à la faire tenir bien droit. Attends que l'eau soit bien gelée (un jour ou plus selon la puissance de ton congélateur) pour sortir la bouteille. Qu'observes-tu ?

Le niveau est maintenant au-dessus du trait que tu avais tracé car l'eau à l'état solide (la glace) prend plus de place que l'eau à l'état liquide. Dans l'eau liquide, les molécules (H_2O, tu te rappelles ?) bougent sans arrêt. Elles virevoltent, se rapprochent, s'enlacent, se séparent. Sous l'effet du froid, les molécules prennent leurs distances et se figent : l'eau se transforme en glace, dans laquelle les molécules sont plus éloignées les unes des autres que dans l'eau liquide. Elles prennent alors plus d'espace. Mais l'eau est une molécule à part car les autres liquides (l'huile par exemple) prennent moins de place quand ils gèlent. Contrairement à l'eau, sous l'effet du froid, leurs molécules se blottissent les unes contre les autres.

Fabrique du plastique à partir du lait

Matériel : un demi-litre de lait entier, une casserole, une cuillère à soupe, du vinaigre, un filtre à café, un porte-filtre (ou un entonnoir), un récipient de un litre

Demande à un adulte de chauffer le lait dans la casserole, sans le faire bouillir. Ajoute trois cuillères à soupe de vinaigre et mélange. Observe les grumeaux se former. Laisse un peu refroidir le mélange et filtre-le pour récupérer la pâte. Tu peux lui donner la forme que tu veux avant de la laisser sécher quelques jours (ou au four à 60 °C pendant trente minutes) pour qu'elle durcisse. Tu viens de fabriquer un plastique !

Le lait est composé de molécules d'eau et de molécules très grandes appelées « caséine ». En versant du vinaigre dans le lait, les molécules de caséine se séparent des molécules d'eau et forment une pâte. Ce sont les molécules de caséine qui s'attachent les unes aux autres pour former une longue chaîne de molécules appelée « polymère ». Autrefois, on utilisait le lait pour fabriquer l'ancêtre des plastiques. Aujourd'hui, on utilise du pétrole, composé lui aussi de longues molécules qui, après traitements, permettent la fabrication des plastiques.

La migration des molécules

Matériel : du papier buvard, des ciseaux, de l'alcool à brûler, un récipient en verre de petite taille à bord assez haut, des feutres de couleurs différentes, des pinces à linge

Découpe plusieurs bandes de papier buvard (2 cm de large, 10 cm de long). Avec des stylos-feutres de couleurs différentes, dessine un point sur chaque bande, à environ 2 cm du bord. Laisse l'encre sécher. Pendant ce temps, verse un peu d'alcool au fond du récipient (à faire avec un adulte). À l'aide des pinces à linge, fixe les bandes de papier buvard sur le bord du récipient de façon à ce que les bandes trempent dans le liquide. Attention, la tache d'encre doit rester au-dessus du liquide. Observe la montée de l'alcool sur le papier buvard. L'alcool mouille la tache d'encre et la décompose.

En effet, certaines encres sont composées de plusieurs molécules de couleurs différentes. Ces molécules ont un comportement différent au contact de l'alcool : elles se dissolvent plus ou moins facilement. Celles qui se dissolvent bien montent plus haut sur le papier buvard, celles qui se dissolvent moins bien montent moins haut et celles qui ne se dissolvent pas du tout restent à l'endroit où tu as fait la tache d'encre.

La technique que tu viens d'utiliser s'appelle la « chromatographie ». Elle a été découverte en 1903 et est beaucoup utilisée en chimie. La chromatographie sert à séparer les constituants de mélanges liquides ou gazeux.

Index

Sommaire

Remerciements

Les auteurs et l'éditeur tiennent à remercier : Clémentine, David, Lwana, Pascaline, Julia, Carl, Mountaka, Charlotte, Alaric, Maeva, Joyce, Yasmeen, Sébastien, Leila, Juliette, Adèle, Maxime, Antoine, Christina, Patricia, Lucas, Nicolaos, Nicolas, Laeticia, Katia, Nelson, Thomas, Adrien, Rouyatou, Lina, ainsi que leur institutrice de CM1, sans lesquels cette minipomme n'aurait pas aussi bien mûri...

n°éditeur : 295-01/1
dépôt légal : août 2006
Imprimé en Italie